丝绸之路系列丛书

刘元风 赵声良 主编

敦煌服饰艺术图集

世俗人物卷

（上册）

吴波 余颖 编著

中国纺织出版社有限公司

内 容 提 要

“丝绸之路系列丛书”包括菩萨卷上、下册，天人卷，世俗人物卷上、下册，图案卷上、下册，艺术再现与设计创新卷8个分册。本册为世俗人物卷上册。敦煌石窟中的众多世俗人物形象精彩绝伦，是构成敦煌石窟艺术体系的重要组成部分。世俗人物卷选取敦煌石窟艺术中具有代表性的世俗人物像，以数字绘画形式整理明确服饰的造型结构，并对服饰局部细节进行了重点线描绘制，便于读者理解摹画，有助于读者全面了解敦煌世俗人物服饰艺术全貌。

图书在版编目（CIP）数据

敦煌服饰艺术图集．世俗人物卷．上册 / 吴波，余颖编著．--北京：中国纺织出版社有限公司，2024．10．--（丝绸之路系列丛书 / 刘元风，赵声良主编）．

ISBN 978-7-5229-2076-4

Ⅰ．TS941．12-64

中国国家版本馆 CIP 数据核字第 2024417SQ0 号

Dunhuang Fushi Yishu Tuji Shisu Renwu Juan

责任编辑：孙成成　　责任校对：高　涵　　责任印制：王艳丽

中国纺织出版社有限公司出版发行

地址：北京市朝阳区百子湾东里 A407 号楼　邮政编码：100124

销售电话：010—67004422　传真：010—87155801

http://www.c-textilep.com

中国纺织出版社天猫旗舰店

官方微博 http://weibo.com/2119887771

北京华联印刷有限公司印刷　各地新华书店经销

2024 年 10 月第 1 版第 1 次印刷

开本：889 × 1194　1/16　印张：10.25

字数：90 千字　定价：98.00 元

总序

伴随着丝绸之路繁盛而营建千年的敦煌石窟，将中国古代十六国至元代十个历史时期的文化艺术以壁画和彩塑的形式呈现在世人面前，是中西文明及多民族文化荟萃交融的结晶。

敦煌石窟艺术虽始于佛教，却真正源自民族文化和世俗生活。它以佛教故事为载体，描绘着古代社会的世俗百态与人间万象，反映了当时人们的思想观念、审美倾向与物质文化。敦煌壁画与彩塑中包含大量造型生动、形态优美的人物形象，既有佛陀、菩萨、天王、力士、飞天等佛国世界的人物，也有天子、王侯、贵妇、官吏供养人及百姓等不同阶层的人物，还有来自西域及不同少数民族的人物。他们的服饰形态多样，图案描绘生动逼真，色彩华丽，将不同时期、不同民族、不同地域、不同文化服饰的多样性展现得淋漓尽致。

十六国及北魏前期的敦煌石窟艺术仍保留着明显的西域风格，人物造型朴拙，比例适度，采用凹凸晕染法形成特殊的立体感与浑厚感。这一时期的人物服饰多保留了西域及印度风习，菩萨一般呈头戴宝冠、上身赤裸、下着长裙、披帛环绕的形象。北魏后期，随着孝文帝的汉化改革，来自中原的汉风传至敦煌，在西魏及北周洞窟，人物形象与服饰造型出现“褒衣博带”“秀骨清像”的风格，世俗服饰多见蜚襳垂髾的飘逸之感，裤褶的流行为隋唐服饰的多元化奠定基础。整体而言，此时的服饰艺术呈现出东西融汇、胡汉杂糅的特点。

随着隋唐时期的大一统，稳定开放的社会环境与繁盛的丝路往来，使敦煌石窟艺术发展至鼎盛时期，逐渐形成新的民族风格和时代特色。隋代，服饰风格表现出由朴实简约向奢华盛装过渡的特点，大量繁复的联珠、菱形等纹样被运用到服饰中，反映了当时纺织和染色工艺水平的提高。此时在菩萨裙装上反复出现的联珠纹，表现为在珠状圆环或菱形骨架中装饰狩猎纹、翼马纹、凤鸟纹、团花纹等元素，呈现四方连续或二方连续排列，这种纹样是受波斯萨珊王朝装饰风格影响基础上进行本土化创造的产物。进入唐代，敦煌壁画与彩塑中的人物造型愈加逼真，生动写实的壁画再现了大唐盛世之下的服饰礼仪制度，异域王子及使臣的服饰展现了万国来朝的盛景，精美的服饰图案将当时织、绣、印、染等高超的纺织技艺逐一呈现。盛唐第130窟都督夫人太原王氏供养像，描绘了盛唐时期贵族妇女体态丰腴，着襦裙、半臂、披帛的华丽仪态，随侍的侍女着圆领袍服、束革带，反映了当时女着男装的流行现象。盛唐第45窟的菩萨塑像，面部丰满圆润，肌肤光洁，云髻高耸，宛如贵妇人，菩萨像的塑造在艺术处理上已突破了传统宗教审美的艺术范畴，将宗教范式与唐代世俗女性形象融为一体。这种艺术风格的出现，得益于唐代开放包容与兼收并蓄的社会风尚，以及对传统大胆革新的开拓精神。

五代及以后，敦煌石窟艺术发展整体进入晚期，历经五代、北宋、西夏、元四个时期和三个不同民族的政权统治。五代、宋时期的敦煌服饰仍以中原风尚为主流，此时供养人像在壁画中所占比重大幅增加，且人物身份地位丰功显赫，成为画师们重点描绘的对象，如五代第98窟曹氏家族女供养人像，身着花钗礼服，彩帔绕身，真实反映了汉族贵族妇女华丽高贵的容姿。由于多民族聚居和交往的历史背景，此时壁画中还出现了于阗、回鹘、蒙古等少数民族服饰，真实反映了在华戎所交的敦煌地区，多民族与多元文化交互融汇的生动场景，具有珍贵的历史价值。

敦煌石窟艺术所展现出的风貌在中华历史中具有重要地位，体现了中国传统服饰文化在发展过程中的继承性、包容性与创造性。繁复华丽的服装与配饰，精美的纹样，绚丽的色彩，对当代服饰文化的传承发展与创新应用具有重要的现实价值。时至今日，随着传统文化不断深入人心，广大学者和设计师不仅从学术研究的角度对敦煌服饰文化进行学习和研究，针对敦煌艺术元素的服饰创新设计也不断纷涌呈现。

自2018年起，敦煌服饰文化研究暨创新设计中心研究团队针对敦煌历代壁画和彩塑中的典型的服饰造型、图案进行整理绘制与服饰艺术再现，通过仔细查阅相关的文献与图像资料，汲取敦煌服饰艺术的深厚滋养，将壁画中模糊变色的人物服饰完整展现。同时，运用现代服饰语言进行了全新诠释与解读，赋予古老的敦煌装饰元素以时代感和创新性，引起了社会的关注和好评。

“丝绸之路系列丛书”是团队研究的阶段性成果，不仅包含敦煌石窟艺术中典型人物的服饰效果图，同时将彩色效果图进一步整理提炼成线描图，可供爱好者摹画与填色，力求将敦煌服饰文化进行全方位的展示与呈现。敦煌服饰文化研究任重而道远，通过本书的出版和传播，希望更多的艺术家、设计师、敦煌艺术的爱好者加入敦煌服饰文化研究中，引发更多关于传统文化与现代设计结合的思考，使敦煌艺术焕发出新时代的生机活力。

劉元風

2023年11月

自序

敦煌，有自十六国至元代十个历史时期的石窟壁画、彩塑和建筑，是举世闻名的文化遗产。莫高窟中除了大量珍贵的佛造像外，众多世俗人物形象也精彩绝伦，是构成敦煌石窟艺术体系的重要组成部分。这些世俗人物的服饰题材广泛，涵盖了故事画、经变画、史迹画中的世俗人物服饰以及供养人服饰，描绘出千载之下社会演进的多姿多彩与世间万象。

唐朝是敦煌石窟艺术发展的鼎盛期，佛教文化空前活跃，且与当时的生活、艺术结合紧密。这一时期的壁画现实因素逐渐增多，人物造像愈加生动，服饰样式丰富且极具代表性，因许多故事取材于现实生活，有具体的民族、年代，故人物形象基本上还原了当时服饰的特点；供养人服饰则真实地反映出丝绸之路上不同历史时期现实生活中人们的服饰造型及特征，尤其在晚唐时期的壁画中占据重要地位。

莫高窟初唐女供养人像多着紧身圆领窄袖小衫、套半臂，下着高束腰长裙，服装造型简约、剪裁精致，呈现出具有时尚感的女性审美特征；男供养人多戴幞头、着圆领袍、束革带、穿乌靴，为当时典型的服饰搭配式样。在盛唐多民族聚居和朝贡交流频繁的历史背景下，敦煌壁画中出现了很多民族风格鲜明的服饰。盛唐第194窟主室南壁一组庞大的各国王子听法图中，各身着极富地域特色的服饰人物为盛唐政治强大、邦交繁众的真实写照，是当时中国与中亚、西亚、南亚，乃至欧洲各国密切交往的实证，凸显出各族服饰特点鲜明的多元文化特征。莫高窟中晚唐世俗人物形象身份复杂，呈现出生动多样的服饰文化风貌，包括纯真可爱的孩童、正当妙龄的青年、白发苍苍的耆老等，记录了大历史背景下，上自冕旒衮服的帝王、臣子，下至各行各业的黎民百姓等社会群体，有侍从、侍女、农民、商贾、僧侣、猎户等，可谓是人间百态与社会万象的缩影。中晚唐时期女性供养人的服饰风格明显受到吐蕃和回鹘服饰的影响，贵族妇女在正式场合多着袖口较宽的大袖襦、披帛，下身则为曳地长裙，其衣冠的华美程度是唐前期所不及的。敦煌壁画中描绘的世俗人物服饰还表现出世俗生活与佛教故事、西域艺术之间的交流融合，不仅再现了当时现实世界中不同社会阶层的服饰礼制以及典型的服装款式与搭配特点，也充分折射出当时社会经济繁盛、文化融合的特点，反映出多元服饰文化的交流互鉴。

其中女性世俗人物像中的头饰、发式、面妆也反映出不同时期的流行风尚。唐前期妇女往往于头发上插花朵或不加装饰，中唐融合外域配饰，晚唐则尽显绚丽怪诞。且中唐以来，女子的发式逐渐繁复化，出现了发鬟如丛立在头顶的式样。唐后期妇女头上的装饰渐多，特别是晚唐、五代时期，妇女头上插簪、插梳子等装饰物越来越流行，如晚唐第9窟供养人像在头上插满簪、花朵，多至十数件。中晚唐时期的贵族阶层沉迷享乐，盛唐妆饰的雍容之风逐渐发展为奢华，面饰方面，额黄、花钿、面靥、斜红均得以继承，花钿和面靥的材质及形状越来越华丽复杂，面妆花钿也摒弃了抽象化图纹，转而使用写实的花草形状。这一时期的唇妆也变得更加小巧圆润。白居易曾作《时世妆》一诗来描述当时最流行的妆饰，"时世流行无远近，腮不施朱面无粉。乌膏注唇唇似泥，双眉画作八字低。妍媸黑白失本态，妆成尽似含悲啼。圆鬟无鬓椎髻样，斜红不晕赭面妆。"女性的着装常常是一个时代文化艺术风貌的缩影，莫高窟壁画中初、中、晚唐世俗女性形象所呈现出来的服饰文化风貌，是中华服饰历史中的珍贵篇章，彰显了古人的浪漫才情与生活智慧，这些珍贵的图像资料成为研究唐代文学绘画、世俗风貌的重要资源。

敦煌石窟的整体发展在五代之后至宋步入末期，艺术的创造力和感染力逐渐减弱，许多壁画和彩塑造像出现了程式化的现象。但此消彼长，这段时间其对于服饰文化来说却愈发异彩纷呈、百花争艳。由于多民族聚居的历史背景，这一时期壁画中出现了于阗皇后、回鹘王妃、回鹘公主等，这些地位显赫的女供养人的服饰妆容十分精致，其头部装饰相较唐朝更加复杂，面部贴花的形式也变化多端。综上所述，敦煌石窟壁画中的世俗人物服饰艺术是中古时期中国服饰文化的集大成者，构成中华服饰文明的重要组成部分，为研究世界民族服饰发展提供了宝贵样本。

编者按时期分别对初唐、盛唐、中晚唐、五代敦煌石窟中世俗人物形象的服饰造型进行了较为全面的整理绘制，对其服饰特征进行了说明，分上、下两卷集成世俗人物卷。本书着眼于从服饰文化的视角重新审视、重新探究、重新提炼、重新绘制敦煌壁画中的世俗服饰，以彩色服饰图、线描服饰图及相关局部配饰图的形式呈现，希望以图像形式为媒介，为敦煌文化艺术爱好者提供有益的学习参考。

吴波

2024年1月

目录

初唐

莫高窟初唐第212窟主室南壁供养人服饰 2
莫高窟初唐第220窟东壁门南帝王服饰 4
莫高窟初唐第220窟东壁门南异国王子服饰 6
莫高窟初唐第220窟东壁门南掌扇侍从服饰 8
莫高窟初唐第329窟主室东壁南侧女供养人服饰 10
莫高窟初唐第331窟主室北壁下部男供养人服饰 12
莫高窟初唐第332窟主室北壁王子服饰一 14
莫高窟初唐第332窟主室北壁王子服饰二 16
莫高窟初唐第332窟主室北壁王子服饰三 18
莫高窟初唐第332窟主室北壁王子服饰四 20
莫高窟初唐第333窟主室西壁龛内弟子服饰 22
莫高窟初唐第334窟西壁龛内比丘服饰 24
莫高窟初唐第334窟西壁龛内听法众服饰 26
莫高窟初唐第334窟西壁龛内维摩诘服饰一 28
莫高窟初唐第334窟西壁龛内维摩诘服饰二 30
莫高窟初唐第335窟主室北壁听法随侍大臣服饰 32

莫高窟初唐第335窟主室北壁高句丽王子服饰 34
莫高窟初唐第375窟主室南壁下部女供养人服饰 36
莫高窟初唐第375窟主室北壁下部男供养人与侍童服饰一 38
莫高窟初唐第375窟主室北壁下部男供养人与侍童服饰二 40
莫高窟初唐第375窟主室北壁下部男供养人与侍童服饰三 42
莫高窟初唐第375窟主室北壁下部男供养人与侍童服饰四 44
莫高窟初唐第431窟主室南壁下部女供养人服饰 46
莫高窟初唐第431窟主室北壁下部男供养人服饰 48

盛唐

莫高窟盛唐第23窟主室北壁农夫服饰 52
莫高窟盛唐第31窟主室东披北侧世俗人物服饰 54
莫高窟盛唐第31窟主室东披北侧乳母服饰 56
莫高窟盛唐第31窟主室北披男子服饰 58
莫高窟盛唐第31窟主室窟顶西披供养人服饰 60
莫高窟盛唐第45窟主室西壁龛内南侧阿难尊者服饰 62
莫高窟盛唐第45窟主室西壁龛内北壁迦叶尊者服饰 64
莫高窟盛唐第45窟主室南壁毗沙门天王服饰 66
莫高窟盛唐第45窟主室北壁阿阇世太子服饰 68
莫高窟盛唐第45窟主室北壁臣子服饰 70
莫高窟盛唐第45窟主室南壁世俗人物服饰 72
莫高窟盛唐第45窟主室南壁西侧世俗人物服饰一 74
莫高窟盛唐第45窟主室南壁西侧世俗人物服饰二 76
莫高窟盛唐第45窟主室南壁西侧世俗人物服饰三 78

莫高窟盛唐第103窟主室东壁南侧维摩诘服饰 80
莫高窟盛唐第103窟主室东壁执扇侍从服饰 82
莫高窟盛唐第103窟主室东壁王子服饰一 84
莫高窟盛唐第103窟主室东壁王子服饰二 86
莫高窟盛唐第103窟主室南壁信徒服饰 88
莫高窟盛唐第103窟主室南壁东侧供养人服饰 90
莫高窟盛唐第103窟主室东壁门上部王子服饰 92
莫高窟盛唐第103窟主室东壁门上部维摩诘服饰 94
莫高窟盛唐第120窟主室东壁大臣服饰 96
莫高窟盛唐第123窟主室西壁龛内弟子服饰 98
莫高窟盛唐第125窟主室南壁弟子服饰 100
莫高窟盛唐第130窟甬道北壁晋昌郡太守乐庭瑰服饰 102
莫高窟盛唐第130窟甬道南壁都督夫人服饰 104
莫高窟盛唐第130窟甬道南壁都督夫人大女儿服饰 106
莫高窟盛唐第130窟甬道南壁都督夫人及大女儿妆容 108
莫高窟盛唐第130窟甬道南壁都督夫人二女儿服饰 110
莫高窟盛唐第130窟甬道南壁都督夫人二女儿婢女服饰 112
莫高窟盛唐第130窟甬道南壁都督夫人二女儿和婢女妆容 114
莫高窟盛唐第171窟主室西壁龛外南侧药师佛服饰 116
莫高窟盛唐第172窟主室南壁西侧供养人服饰 118
莫高窟盛唐第172窟主室北壁西侧阿阇世太子服饰 120
莫高窟盛唐第172窟主室北壁西侧韦提希夫人服饰 122
莫高窟盛唐第172窟主室西壁龛内南侧弟子服饰 124
莫高窟盛唐第172窟主室西壁龛内弟子服饰 126
莫高窟盛唐第194窟主室西壁龛内南侧阿难尊者服饰 128

莫高窟盛唐第194窟主室南壁王子服饰一 130
莫高窟盛唐第194窟主室南壁王子服饰二 132
莫高窟盛唐第194窟主室南壁王子服饰三 134
莫高窟盛唐第194窟主室南壁王子服饰四 136
莫高窟盛唐第194窟主室南壁王子服饰五 138
莫高窟盛唐第194窟主室南壁王子服饰六 140
莫高窟盛唐第194窟主室南壁王子服饰七 142

手绘细鉴

敦煌壁画唐代王子帽饰 146
敦煌壁画唐代侍从服饰 148

初唐

莫高窟初唐第212窟主室南壁供养人服饰

图文：吴波

图中为第212窟主室南壁的一对供养人母子像。母亲双手拉住孩子的双手，双眸投去深情的目光，嘴角泛起慈爱的微笑；孩子踮起脚，试图投入母亲的怀抱。母亲头梳高髻，足蹬翘头履；上着窄袖襦，外披石绿色披巾，披巾一端掖入裙腰之中，另一端自然垂落；下着深色曳地长裙。孩子束发，身穿石绿色大袖袍服。

绘图：余颖

图：楚艳　文：楚艳、王子怡

第220窟东壁门南的帝王像头戴冕冠，着上玄下纁的冕服，内为白色曲领中单，以菱格纹大带束绛色蔽膝，着云纹笏头履。从图像中可以辨别出十二章纹中的七种：在上衣的两肩各画一圆圈，一侧为鸟形，金乌表示太阳，另一侧画玉兔，表示月亮；在袖身上可以看到山岳和龙纹；绛色蔽膝上为火纹；袖缘上若干白色小点组合形成的小花形为粉米；在袖口有类似亚字形，为黻纹。整体而言，帝王听法图不仅描绘了唐代帝王与群臣的威仪之姿，为我们提供了丰富的服饰资料，还展示了当时佛教的兴盛与人们对佛教的尊崇。

绘图：付乐颖

莫高窟初唐第220窟东壁门南异国王子服饰

图：楚艳　文：楚艳、王子怡

第220窟东壁门南位于左侧的这身异国王子像，头戴花锦浑脱帽，两耳垂耳珰，身着石绿色的圆领镶边锦袍，外披毡袍，足穿长筒乌靴。这种浑脱帽是用织锦制作而成，并有细毛毡镶边。帽的顶部隆起，以白色为底色，主体装饰有石绿色和石青色的菱形、如意形及团花纹样，华丽异常。身着的锦袍边缘有褐色底的二方连续式团花纹缘饰，组织细密，纹彩兼备，有的还加上金线装饰，更突出了其身份的尊贵。右侧的王子同样身着红色圆领花边锦袍，领、袖和衣襟处为二方连续式波浪纹，锦袍下摆镶宽缘边，装饰着四瓣团花纹，袍长至脚踝处，脚着红色皮靴。

绘图：付乐颖

莫高窟初唐第220窟东壁门南掌扇侍从服饰

图文：李迎军

第220窟东壁门南的掌扇侍从像身着朱色大袖衫，为了便于活动而将宽大的袖口打结，露出了内搭的合体绿色小袖。大袖衫外罩朱色裲裆，束白腰带。下着白色缚裤，由于裤腿之下已残缺不清，所以无法准确分辨脚上的穿着。同时期壁画人物的袴褶下多搭配鞋靴，因此在绘画整理时，参照之前临摹壁画上的形态画成了鞋。

绘图：付乐颖

莫高窟初唐第329窟主室东壁南侧女供养人服饰

图文：刘元风

第329窟主室东壁南侧的女供养人像服饰造型简约得体，上着紧身圆领窄袖小衫，套半臂，衣着紧身贴体，显露出丰腴的体态。下着高束腰间色长裙，蓬松而舒适。这种高束腰的间色长裙具有明显的修身效果，是唐代女子的流行穿着。供养人身上没有过多的饰品，显得自然、娴静，落落大方。

绘图：陈诗曼

莫高窟初唐第331窟主室北壁下部男供养人服饰

图文：张春佳

第331窟主室北壁下部的男供养人像，服冠，冠顶向后旋卷，前部有博山、梁；交领袍服，手持笏板，不露手。壁画中所绘冠形类似于孙机先生在《中国古舆服论丛》中提及的新疆柏孜克里克壁画中绘制的通天冠。从宋代武宗元《朝元仙仗图》中南极、东华天帝君的冠看，与其有相似之处——冠顶、博山、导等部位。目前来看，比较近似的均为帝王冠。

绘图：李铁潇

莫高窟初唐第332窟主室北壁王子服饰一

图文：李迎军

第332窟主室北壁正在听法的王子形象，头戴尖顶织锦帽，着织锦缘饰窄袖长袍，足蹬尖头乌皮靴。北方草原民族习惯戴尖顶帽，唐时期对这种尖顶卷沿的帽子统称为“胡帽”。胡服、胡帽在唐朝曾经广为流行，并对唐代服装造型发展产生了重要影响。

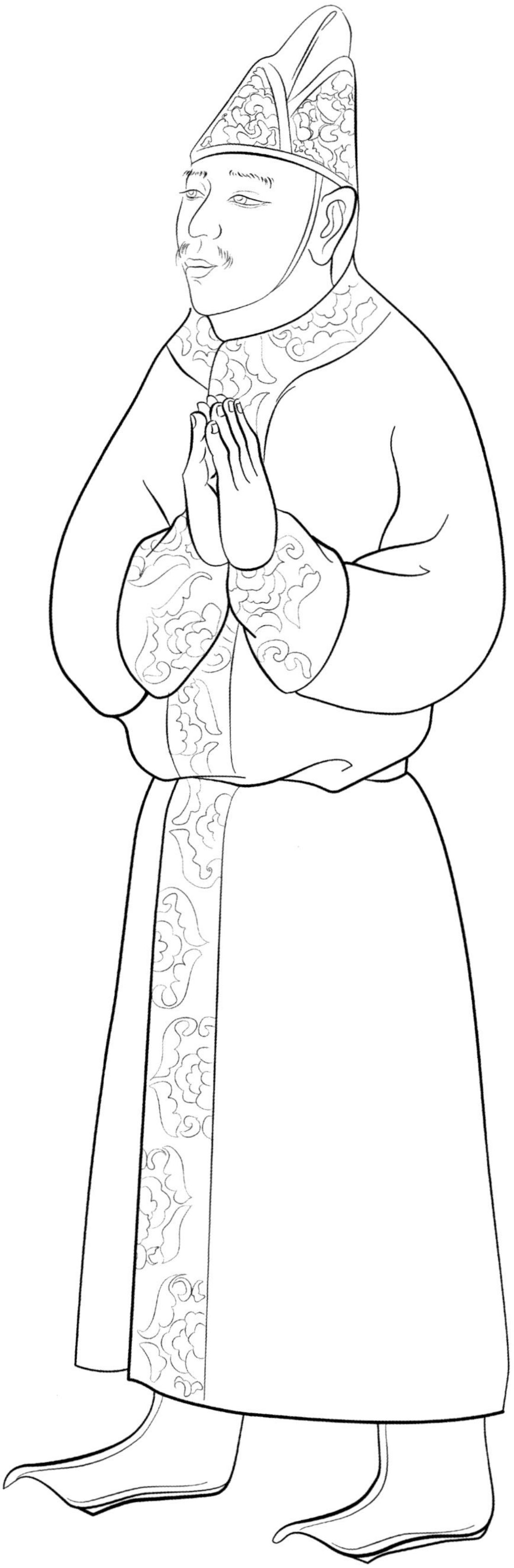

绘图：魏佳欣

莫高窟初唐第332窟主室北壁王子服饰二

图文：李迎军

第332窟主室北壁位于听法王子队列前排的王子像，头缠长布带，着窄袖绿色长袍，领、襟、衣摆、袖口都装饰有红色织锦饰边，足蹬尖头乌皮靴，皮靴的钩状尖头极具特色。由于壁画已经斑驳，目前无法分辨这位王子的发饰，参照其他洞窟绘制的各国王子礼佛图中的王子形象，绘制整理为光头造型。

绘图：魏佳欣

莫高窟初唐第332窟主室北壁王子服饰三

图文：李迎军

第332窟主室北壁各国王子听法图中的这身形象头戴莲花状小冠，上身内穿方心曲领中单，外套阔袖袍，腰间以阔丝带系结，带端垂于前，长至膝下，裙前垂蔽膝，脚穿高齿履。头上的小冠因外形仿若盛开的莲花，称“莲花冠”。莲花冠在唐代时已在世间流行，后世仍沿袭其制久为流传。“中单”是套在宽大的袍服内穿着的内衣，通常以白色纱罗或布帛制作。唐时期的方心曲领是附在中单上的一种装饰领，即在中单上衬起半圆形的硬衬，可以使领部凸起。唐代方心曲领是七品以上官员礼服上装饰的领型，通常与袍服、大袖襦、中单搭配使用，多为白色。

绘图：魏佳欣

莫高窟初唐第332窟主室北壁王子服饰四

图文：李迎军

第332窟主室北壁壁画上的昆仑王子肤色黝黑，身体健壮，高鼻深目、鼻头肥大，嘴唇丰厚，头顶的蓬松发饰已经褪成白色。他佩戴圆形耳环、颈圈、臂钏、手镯、脚镯。上身袒裸，缠裹披帛，下身着缠裹式花短裤，结构近似印度传统男裤，赤足。服装以大面积的茜色、深褐色与小面积的石青色、石绿色组合。仔细辨别，各块面料上皆有图案，披帛上的图案似是扎经染色纹样。

绘图：陈诗曼

莫高窟初唐第333窟主室西壁龛内弟子服饰

图文：李迎军

第333窟主室西壁龛内壁画中的弟子身体呈直立动势，双手抬于前，左低右高，内着镶有朱红缘边的石绿色僧祇支，外披田相纹袈裟，装饰多色五瓣花纹，盛唐第199窟的高僧形象中也有类似花纹的袈裟形象出现。袈裟为褐色地，上面分别排列着黑色、石绿色和红色的花纹图案。图案造型似梅花，花瓣浑圆，根部细窄，以平涂轮廓式方法表现。下着黑灰色多褶裙，装饰黑色四瓣散花纹，足蹬红色高齿履。

绘图：陈诗曼

莫高窟初唐第334窟西壁龛内比丘服饰

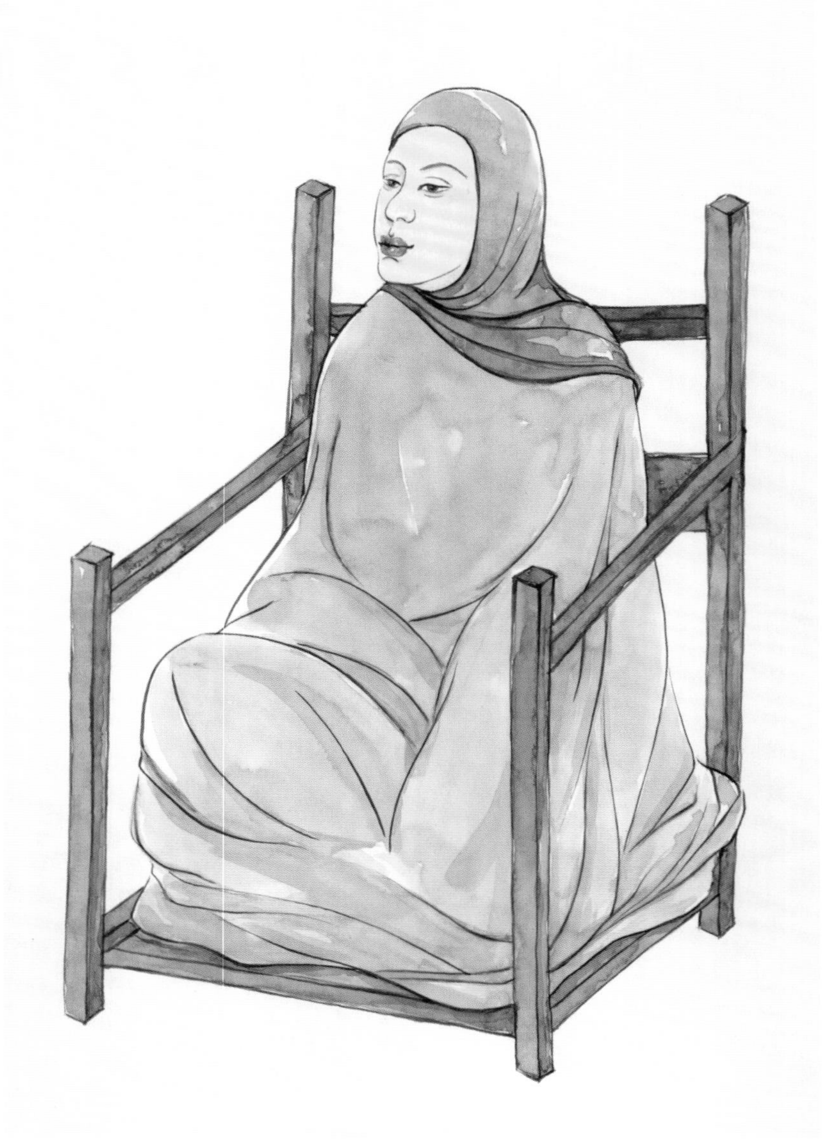

图文：吴波

第334窟西壁龛内壁画中的舍利弗呈比丘相，内穿茜色覆头衣，外穿石绿色通肩袈裟，领口与肩部自然翻折出袈裟内里，衣口自然下垂。舍利弗面部形象写实，表现手法简洁，神情庄重虔诚，双目圆睁，聆听维摩诘说法。绘制整理时侧重于舍利弗所披袈裟的垂感表现与坐于狮子座上而形成的自然褶皱。

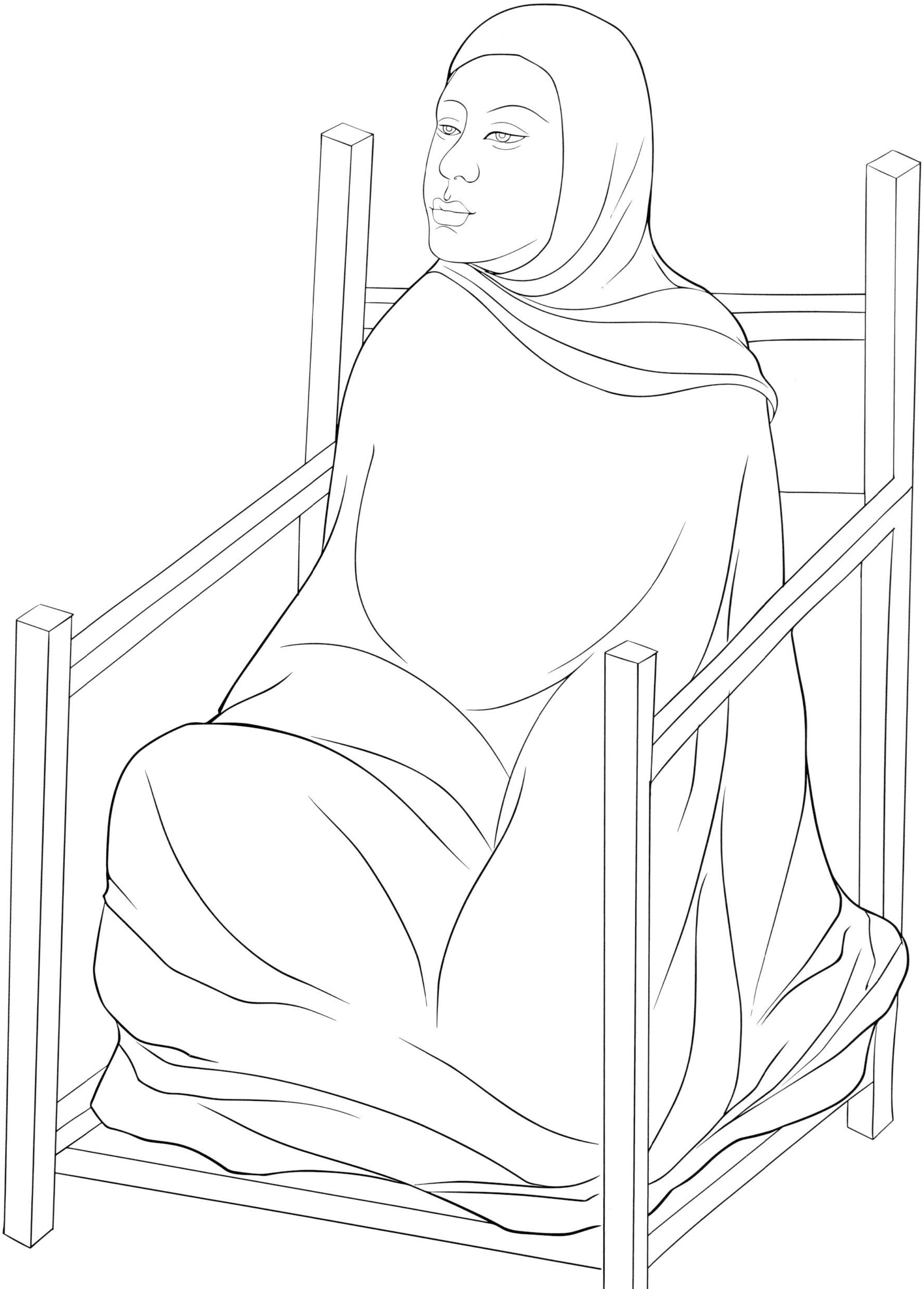

绘图：付乐颖

莫高窟初唐第334窟西壁龛内听法众服饰

图文：张春佳

第334窟西壁龛内听法众之一，服装形制类似帝王，腰带附有蔽膝，垂下大绶，广袖袍服交领、左衽。推测第334窟帝王蔽膝应有图案，只是经年累月变得模糊不清而已。此外，双肩应有日月纹样，现已无法辨识。

绘图：李轶潇

莫高窟初唐第334窟西壁龛内维摩诘服饰一

图文：吴波

第334窟西壁龛内的维摩诘像外披开襟短袖袍服，头戴两侧垂有长飘带的帽式，脚穿高齿履。此维摩诘内穿左衽广袖深衣，所披短袖外袍与所戴帽式在敦煌初唐画迹中比较少见，帽式从形态上不似传统的纶巾。在维摩诘服饰效果图整理时基本遵从原有的动态与服饰结构。

绘图：陈诗曼

莫高窟初唐第334窟西壁龛内维摩诘服饰二

图文：吴波

第334窟西壁龛内的维摩诘像内着深色曲领中单。外披开襟短袖袍服，头戴两侧垂有长飘带的帽式，脚穿高齿履。维摩诘所披短袖外袍与所戴帽式在敦煌初唐画迹中比较少见，帽式从形态上不似传统的纶巾。在敦煌研究院早期的临摹作品中，其帽子结构特征表现清晰，但在服饰史中未查到相应名称。

绘图：侯雅庆

莫高窟初唐第335窟主室北壁听法随侍大臣服饰

图文：李迎军

第335窟主室北壁壁画中的两位听法随侍大臣均穿方心曲领中单，外罩大袖袍服。他们所着的服装制式与服色基本一致，只有头冠略有差异。帻本是古时裹在头上的布，东汉时开始用一种平顶的帻作为戴冠时的衬垫，至西晋末年发展为前平后翘、只能罩住发髻的小冠，称为平巾帻（通常也称作小冠）。但第335窟出现的这两位官吏中，右侧官吏未戴笼冠，只是头戴平巾帻簪貂尾。唐朝时期，头左侧簪貂尾的官员以散骑常侍为主，据此推断，壁画上的官吏可能是初唐的散骑常侍。此外，左侧官员头戴的笼冠后侧还挑起一根条形饰物，细条自冠后经头顶垂至额前，最前端垂一穗状装饰，名为“垂笔”。

绘图：侯雅庆

莫高窟初唐第335窟主室北壁高句丽王子服饰

图文：李迎军

第335窟主室北壁壁画中的两位高句丽王子皆头戴插双鹖尾小冠，鹖尾饰冠有彰显勇猛之意，以鸟羽装饰头冠是高句丽服饰的典型特征。二人皆穿着大袖袍服，领口、袖口有宽缘饰，只是服色有异。参照职贡图、礼宾图的资料，可知高句丽男装与小冠、大袖袍服搭配穿着的应是下穿大口裤、腰束革带、足蹬皮靴。

绘图：侯雅庆

莫高窟初唐第375窟主室南壁下部女供养人服饰

图文：吴波

第375窟主室南壁下部的女供养人像的服饰风格较为典型，上身穿石绿色窄袖交领上襦，披帛自双肩绕臂自然垂于两侧；束腰带，下着石青色高腰长裙，裙长及地，着绣花履；手持香炉，一心供养。女供养人身后跟随两名侍从，一位侍从上身穿浅土黄交领窄袖小衫，着披帛，下穿拖地长裙。另一位侍从上着圆领小袖齐膝长袄，下着条纹小口裤，脚穿软底锦鞠靴。

绘图：余颖

莫高窟初唐第375窟主室北壁下部男供养人与侍童服饰一

图文：吴波

图中形象为第375窟主室北壁下部的男供养人与侍童的服饰。两人均头裹软脚幞头，穿圆领袍服，腰束革带，足蹬乌皮靴。男供养人雍容华贵，手持鲜花，面容恭谨虔诚。与主人的肃穆相比，侍童神情动态活泼，表情更为丰富，手扶斜背的包裹回头顾盼，富有年龄特点。

绘图：侯雅庆

莫高窟初唐第375窟主室北壁下部男供养人与侍童服饰二

图文：吴波

图中形象为第375窟主室北壁下部的男供养人与侍童的服饰。男供养人头裹软脚幞头，双手拱于胸前，面容恭谨虔诚。侍童头裹帽巾系结于脑后，身体前倾翘脚欲行。幞头是少数民族帽式与汉族幅巾相互交融之后的产物。幞头起源于北魏，初创于北周，成型于隋，盛行于唐，历宋、元、明，直到清初被满式冠帽取代。幞头及其变体，通行了整整一千余年，是此时期男装的独特标志。隋到初唐的幞头皆为两脚短而软，后来将其加长，所谓“长脚罗幞头”仍然为柔软材质。

绘图：侯雅庆

莫高窟初唐第375窟主室北壁下部男供养人与侍童服饰三

图文：吴波

图中形象为第375窟主室北壁下部的男供养人与侍童的服饰。男供养人头裹软脚幞头，穿圆领袍服，腰束革带。侍童头戴风帽，双手拱于胸前四处张望。此组形象均为供养人与侍童组画，所着服饰形制相近，但姿态各异，生动地还原出当时场景。

绘图：李轶潇

莫高窟初唐第375窟主室北壁下部男供养人与侍童服饰四

图文：吴波

第375窟主室北壁下部的男供养人与侍童均着圆领袍服。唐代圆领袍服是当时最具代表性、最为流行的男装，它是在吸收了西域胡服和中原袍服的特点后融合而成的一种服装，产生于北朝晚期。从敦煌莫高窟的这组壁画中可见，唐代供养人的服色明显比北朝和隋代的丰富得多。

绘图：李轶潇

莫高窟初唐第431窟主室南壁下部女供养人服饰

图文：李迎军

第431窟主室南壁下部的女供养人像头梳螺髻，发型梳理得紧实有型，为初唐的典型风格。上身穿深色窄袖上襦，肩搭披帛，一端塞入长裙，另一端垂至膝下。下着高腰间色长裙，裙长及地，裙色红绿相间，壁画中腰节部位为白绿相间，或许是红色颜料脱落所致。壁画上的鞋履形态已斑驳，参照同窟供养人形象，并依照残形推断应为花头履。间色条纹裙始于魏晋、兴于唐，至盛唐以后逐渐被色彩艳丽的花纹裙取代。

绘图：赵茜

莫高窟初唐第431窟主室北壁下部男供养人服饰

图文：李迎军

第431窟主室北壁下部的男供养人像双手拱于胸前，神情肃然，态度虔诚。头裹软脚幞头，穿圆领窄袖襕衫，腰束革带，足蹬乌皮靴。本窟壁画中的男供养人皆穿圆领窄袖襕衫，尽管衣身的着色已大片脱落，且色彩氧化变色严重，但衣摆上横襕的结构线仍然清晰可见。

绘图：魏佳欣

盛唐

莫高窟盛唐第23窟主室北壁农夫服饰

绘图：李轶潇

图文：刘元风

盛唐第23窟主室北壁画中的两位农夫均头戴防雨席帽，耕作的农夫上身穿交领半臂衫，腰间系带，下着半长宽脚裤，衣服的领口、袖口和裤口部位均镶饰贴边，兼具耐用和装饰功能。挑担的农夫上穿“V”形领半臂布衫，下着长裤，腰间系有围裙。

莫高窟盛唐第31窟主室东披北侧世俗人物服饰

图文：吴波

第31窟主室东披北侧的壁画中，年长女性应为母亲，头梳垂鬟高髻，身穿窄袖襦裙，襦褐色，在襦之上披帔，以线条勾勒结构但未着色，意在表现纱质面料的透明质感。其裙腰束得极高。母亲右手执木偶娃娃，左手微微提起长裙方便行走，露出褐色衬裙。女儿似豆蔻年华，梳两丸髻，脸上抹两圈脂粉，同样穿着窄袖裙襦，襦为石青色，裙为深色，一条轻薄透明的帔环绕于双臂之间，裙腰的束带与裙里均为石青色。

绘图：付乐颖

莫高窟盛唐第31窟主室东披北侧乳母服饰

图文：吴波

第31窟主室东披北侧壁画中展现出盛唐时期哺育婴孩的世俗场景与和睦慈爱的家庭氛围。乳母头梳抛家髻，身穿浅色窄袖上襦，下着深色长裙，肩头似垂下一条朱砂色披帛。怀中婴孩身穿朱丹色“裲裆”形制背心。画师在描绘乳母的体态时，将其身体微微后仰，突出前腹，给怀抱婴儿适合的着力重心。她一只手抚住婴孩后背，似在轻轻拍打，另一只手稳稳托住婴儿的身体，表现出娴熟的育儿姿态。

绘图：侯雅庆

莫高窟盛唐第31窟主室北披男子服饰

图文：李迎军

第31窟主室北披壁画中的男子头戴长脚幞头，着红色裥衫，裥衫的衣身宽松肥大，衣长及地，腰束革带，足蹬乌皮靴。此男子幞头在唐初开始流行全国，当时的幞头多以轻薄柔软的纱罗制成，系结并垂在脑后的两个脚也是柔软悬垂的，被称为软脚幞头。图中男子所戴的幞头两脚长如带，直垂至肩前侧，正是典型的长脚幞头造型，这一形象也是当时流行服饰的真实反映。

绘图：侯雅庆

莫高窟盛唐第31窟主室窟顶西披供养人服饰

图文：李迎军

第31窟主室窟顶西披的男供养人双手合十，头戴幞头，两脚稍长，身穿褐色圆领缺胯袍。袍从胯部以下开衩，最早来自军衣，方便士兵骑马打仗，后因开衩的下摆非常适合骑行和劳作而为百姓所喜爱，遂成为庶民百姓的日常穿着。女供养人双手执团扇做揖礼状，头梳高髻，戴耳环，面颊有两圈胭脂晕，身穿对襟大袖襦裙，袖口宽广，有一圈浅色袖祛，襦长至臀下。男女二人神态谦卑，虔诚礼佛，一心供养。

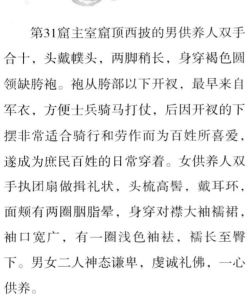

绘图：侯雅庆

莫高窟盛唐第45窟主室西壁龛内南侧阿难尊者服饰

图文：刘元风

第45窟主室西壁龛内南侧的阿难尊者像上身内着华丽的右衽半袖偏衫，其领、袖处装饰以缠枝花纹的锦绣贴边，下身穿绿色的褶裙，其底摆处有条形缠枝花纹装饰，另有土红色的贴边，与外披袈裟热烈的土红色相呼应。整套服装既宽绰又不乏雅致。

绘图：魏佳欣

莫高窟盛唐第45窟主室西壁龛内北壁迦叶尊者服饰

图文：李迎军

第45窟主室西壁龛内北壁的迦叶尊者像内着僧祇支，下穿百褶裙，外披田相袈裟，脚上穿履。僧祇支、褶裙、袈裟上均有图案及饰边装饰，衣饰图案描绘细腻、施色富丽。迦叶所着的田相袈裟也称田相衣，因形如水田而得名，也称水田袈裟。

绘图：魏佳欣

莫高窟盛唐第45窟主室南壁毗沙门天王服饰

图文：吴波

第45窟主室南壁毗沙门天王像头梳菩萨髻，身着石绿色戎装，盆领式护项与披膊相连，外套裲裆甲由皮襻连接前后衣片。胸下位置由膰蛇系扎，裲裆和膰蛇是相搭配的一种服饰。下身穿着腿裙，腿裙之下有白色的衬裙。小腿位置配备胫甲，足蹬乌皮靴。小臂穿着护臂，在手肘处有一圈波浪状的袖缘饰，应为穿着于披膊内的半袖延续出的一圈白色袖缘饰。毗沙门天王右手托窣堵波状宝塔，左手似在教导身旁的男子，一身戎装，威风凛凛、气宇轩昂。

绘图：陈诗曼

图文：吴波

第45窟主室北壁阿阇世太子拔剑欲弑王后，月光与耆婆谏劝阿阇世太子。该男子为阿阇世太子，站立于台阶上，左手执剑，右手上扬，面对王后。阿阇世太子头戴通天冠，是天子参与诸典礼时所穿戴之首服，穿着右衽白练襦裙，束腰带，足蹬岐头履。

绘图：付乐颖

莫高窟盛唐第45窟主室北壁臣子服饰

图文：吴波

第45窟主室北壁中持剑进谏的应为臣子月光或耆婆。大臣头冠前后呈折角，似为进贤冠，以冠梁多寡区分等级高低，大臣身穿白练襦裙，肘部袖子呈现放射的波浪状，具有御风飞翔的意境。此袖子的形态与该窟其他人物一致，体现了画匠独特的艺术表现手法。

绘图：李铁潇

莫高窟盛唐第45窟主室南壁世俗人物服饰

绘图：付乐颖

图文：吴波

第45窟主室南壁壁画中的男子面带微笑，手持扇或诗书正与女子表白，女子娇媚含情回视，令人联想到唐传奇《会真记》中的场景。青年男子戴软脚幞头，着赭红色圆领袍服，束黑色革带，脚蹬乌皮靴，为盛唐男子常服。女子梳倭坠髻，着襦裙，襦为蓝绿色、裙为赭红色，并搭饰浅色披巾，脚穿尖头软底鞋，为唐朝女子常服。初唐保留隋代修长而紧身的衣裙，到了盛唐，由于女子以体态丰满为美，因此衣裙也随体型的变化显得宽松起来。图中女子体态丰满，衣裙符合盛唐时尚。

莫高窟盛唐第45窟主室南壁西侧世俗人物服饰一

图文：王丽

第45窟主室南壁西侧壁画中的女子上身着长衫，下着长裙，配披帛。裙子是唐代女子非常重视的下裳，制裙面料多为丝织品，裙色鲜艳，多为深红、绛紫、月青、草绿等。裙的式样用四幅连接缝合而成，上窄下宽，下垂至地，不施边缘。中唐以后，裙身越来越肥。襦裙装作为唐代女子常服中的重要代表，穿着轻便、时尚华丽，这与当时统治者的政治开明是分不开的。男子着唐代典型身长至足的襕袍，腰部用革带紧束，脚蹬皂靴。襕袍受胡服影响而成，其特点是在传统袍服下摆加一横襕，故而得名。

绘图：李轶潇

图文：李迎军

第45窟主室南壁西侧壁画中描绘的《胡商遇盗图》中，正在打劫的盗贼头裹黑色幞头，幞头后边的长脚折系在脑后，身穿窄袖圆领袍，袍长至膝盖位置且袍的两侧有开衩，开衩处露出内衬的浅绿色衬袍，腰间系革带，腿上缠行缠，脚穿麻线鞋。行缠是长带状的缠腿布，使用时自膝盖缠裹至脚踝，由于行缠裹紧了裤口，使小腿部分的服饰造型简洁利落便于活动，因此在劳动人民中被普遍使用。麻线鞋同样是盛唐劳动者普遍使用的服饰品，鞋体以麻线编结而成。

绘图：李轶潇

图文：李迎军

第45窟主室南壁西侧壁画中的这组人物动态生动、惟妙惟肖，画面共有四人，其中两人拉绳，一人挥刀欲砍，另一人待行刑。此人为画面左侧的人物，他头裹黑色幞头，幞头外裹红色头巾，身穿白色窄袖圆领袍，袍长至膝盖位置，腰间系革带。

绘图：李轶潇

莫高窟盛唐第103窟主室东壁南侧维摩诘服饰

图文：刘元风

在第103窟主室东壁南侧维摩诘经变壁画中，维摩诘居士手持麈尾，赤足斜坐高脚胡床之上。其上身内穿曲领中单，外着白色交领宽袍，最外层是褐红色披风。维摩诘居士头裹白色纶巾，童颜鹤发，须髯飘洒，体现其满腹经纶、从容不迫、滔滔雄辩的鸿儒风范。壁画以刚柔相济的墨色线条，轻重对比的配色关系，以及“其傅彩于焦墨痕中，略施微染，自然超出缣素”的中原艺术范式，彰显出盛唐造型艺术的典型特征。

绘图：付乐颖

莫高窟盛唐第103窟主室东壁执扇侍从服饰

图文：李迎军

第103窟主室东壁中的执扇侍从身着朱色大袖衫、合体绿色小袖衫、裲裆、袴褶的造型基本没有变化，说明当时依然延续着魏晋、隋、初唐以来皇家仪仗卫队的标准搭配。相比第220窟的侍从，这身造型又增加了肩上的饰物，丰富了服装上的装饰，但具体的结构与工艺还有待研究。

绘图：付乐颖

莫高窟盛唐第103窟主室东壁王子服饰一

图文：李迎军

在第103窟主室东壁中的各国王子中，第二排里侧的这位王子头戴卷檐毡帽，身穿翻领对襟袍，袍长至膝下，足穿长筒靴，前侧靴面有独特的毛皮装饰，肩上搭着粮食袋。这位王子由于位列后排而没有被详细刻画。他站立的姿势、服装的形态也被前排的王子大面积遮挡，但在仅见的寥寥数笔线条中，帽子、衣襟、袖口等结构均得以清晰表达，靴子上的毛皮装饰与肩头粮食袋的细节更是概括得简练精到。

绘图：付乐颖

莫高窟盛唐第103窟主室东壁王子服饰二

图文：李迎军

第103窟主室东壁中穿着翻领红袍的王子多认为是罗马使者。王子深目高鼻，留着齐耳的卷发，无髻无冠，身上穿着窄袖对襟翻领长袍，袖口、衣襟有边饰，侧缝下端有开衩。由于对襟翻领袍内穿有半臂，所以宽松袍服的肩部被里面挺括的半臂撑起，形成独特的廓型，近似于现代西方服装中加了垫肩的服装造型。半臂在唐前期曾广泛流行，多套穿在上襦的外面，有大量的传世绘画、雕塑都如实反映了这一穿着方式。

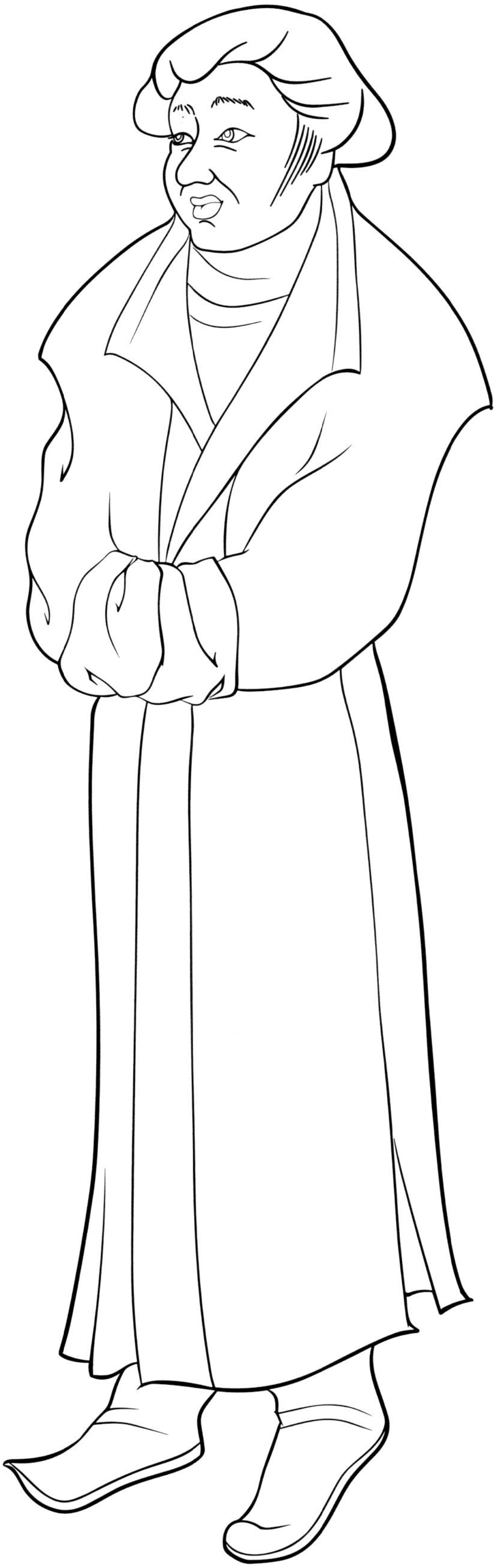

绘图：付乐颖

图文：吴波

此图表现的是第103窟主室南壁法华经中“方便品”绕塔供养的场景。两位信徒均戴软质幞头，后垂两脚较短。当时人不分贵贱，官员、士人和劳动者均可戴幞头。二信徒均着襕衫，腰束革带，足蹬乌皮靴，为唐代男子官员士人之常服。

绘图：付乐颖

莫高窟盛唐第103窟主室南壁东侧供养人服饰

图文：吴波

第103窟主室南壁东侧壁画中的男供养人头着乌纱巾，也称“乌匝巾”“小乌巾”，是以黑色纱罗制成的头巾，多用于文人隐士。他身穿对襟浅色襦裙，袖袪、领缘和腰带为蓝色。袖袪较小，如黄牛下垂的肉皱，袖型为垂胡袖，足蹬云头履。其身后的两位女供养人头梳惊鹄髻，整体服饰形制相近，均穿着袿衣，袖型为垂胡袖，浅襦之外披褐色半袖，半袖袖缘呈绿色伞状，未着蔽膝，但有两根华髾飘出。

绘图：李轶潇

图文：吴波

第103窟主室东壁门上部壁画中的两位王子头戴幞头，两脚垂于脑后，现已褪色。二王子俱身穿袴褶，上身着齐膝大袖衣，下着宽口裤。在唐代，袴褶为皇帝贵族、文武官员皆穿着的服饰，常与平巾帻搭配，壁画以王子礼佛的视角，展现了袴褶背面的形制。

绘图：侯雅庆

莫高窟盛唐第103窟主室东壁门上部维摩诘服饰

图文：吴波

第103窟主室东壁门上部画中的维摩诘内着曲领中单、白色袴褶，外披鹤氅裘。氅是斗篷、披风之类的御寒长外衣。鹤氅，即一块用仙鹤羽毛做的披肩。在晚唐第9窟维摩诘经变画中，能够清晰地观察到画匠用白色的排线在氅上刻画仙鹤羽毛，表现出士大夫瘦骨清相、超然无为的服饰风尚。

绘图：侯雅庆

莫高窟盛唐第120窟主室东壁大臣服饰

图文：李迎军

第120窟主室东壁中的大臣头戴进贤冠，身着曲领中单、对襟大袖襦、素色下裳配蔽膝，上襦下裳均有宽边缘饰，足穿笏头履，手持笏板。在唐时期的敦煌壁画中，也常见到戴进贤冠、穿上襦下裳的官员形象。因此，从着装判断，此人应是举哀的朝服大臣。

绘图：侯雅庆

莫高窟盛唐第123窟主室西壁龛内弟子服饰

图文：李迎军

第123窟主室西壁龛内，或正或侧交错站立的十二身弟子均着右袒式袈裟，十二身袈裟的整体形制与穿着方式高度统一，但颜色与图案却因人而异。图中的弟子绘于龛内南壁居中的位置，身着山水纹田相袈裟，双手合十、身体微前屈呈虔诚礼佛状。

绘图：侯雅庆

莫高窟盛唐第125窟主室南壁弟子服饰

图文：李迎军

第125窟主室南壁中的弟子身披田相山水纹袈裟，双手握于胸前，十指交叉，似在倾听，又似在发愿，端肃、虔诚地立于佛祖身侧。田相山水纹袈裟上有纵横交错的田字条相，山水纹则是袈裟上的独特纹饰——装饰有山水图案的袈裟梁时就已经存在，是佛教汉化、世俗化的产物。这种饰有山水林木、五彩缤纷的袈裟工艺考究，价值不菲。

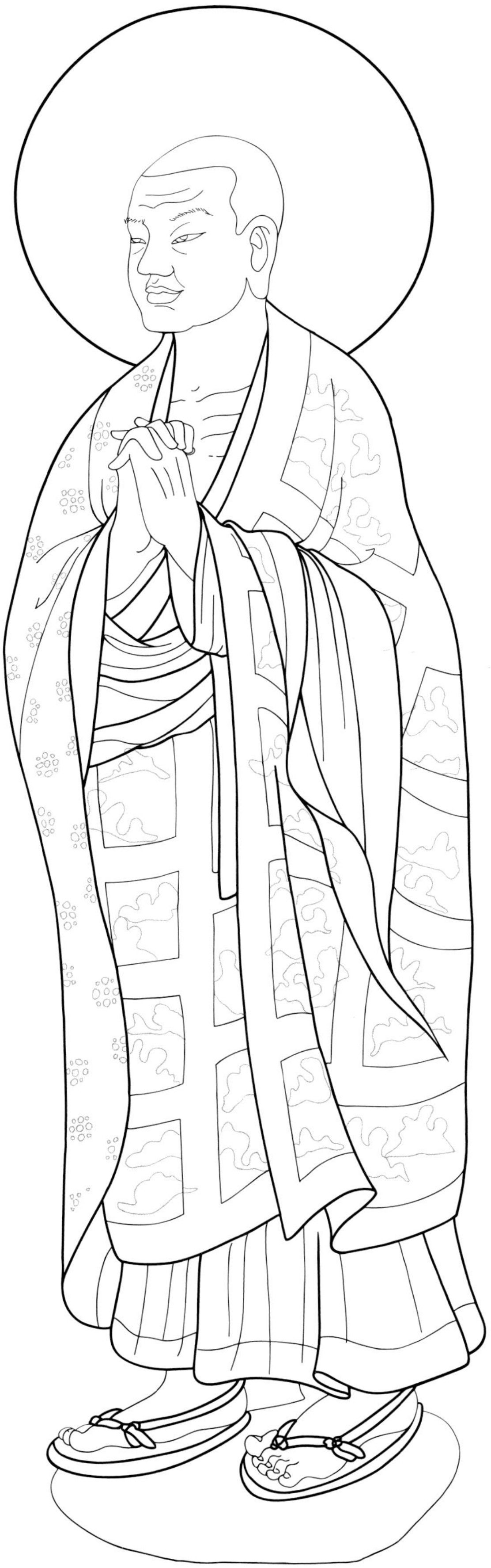

绘图：陈诗曼

图文：刘元风

第130窟甬道北壁中的晋昌郡太守乐庭瑰手持长柄香炉，容貌俊朗，浓眉凤眼，胡须飘然。他头戴黑色软脚幞头，身穿圆领绿色落地长袍，表现出丝质材料的垂感和飘逸感。腰间系黑色腰带，脚上着黑色软靴。其装束具有唐代典型的官府公职服饰特征。

绘图：余颖

莫高窟盛唐第130窟甬道南壁都督夫人服饰

图文：刘元风

第130窟甬道南壁中的都督夫人王氏身着盛装，面容圆润优美，画桂叶眉，凤眼丰唇，束高耸的峨髻。峨髻是唐代妇女高髻的一种，因形似山峰而得名，髻上插饰花钗和梳篦。都督夫人手捧香炉，身穿红花碧罗曳地长裙，上穿绿色织花交领宽袖短襦，外罩绛红色底花半臂，手持米白色披巾，腰系绿色织锦襳褵，脚穿笏头履。

绘图：余颖

莫高窟盛唐第130窟甬道南壁都督夫人大女儿服饰

图文：刘元风

都督夫人王氏的大女儿身着盛装，面容圆润优美，画桂叶眉，凤眼丰唇，脸上点饰有面靥，束高耸的峨髻。她双手持花束，上穿红色交领宽袖短襦，下着绿色落地长裙，腰系红色襳褵，肩披白色披巾，脚穿五朵履。

绘图：余颖

莫高窟盛唐第130窟甬道南壁都督夫人及大女儿妆容

图文：刘元风

在第130窟甬道南壁都督夫人礼佛图壁画中，都督夫人太原王氏和大女儿的妆容展示了盛唐时期贵族妇女的时尚与审美。她们妆容精致，均画眉形短阔、形状像桂树叶子的“桂叶眉”，大女儿脸上点饰面靥。面靥又称“笑靥”“妆靥”“花靥”。靥原指酒窝，点面靥是指用各种颜料在两颊酒窝处点搽一定的形状或花纹，有红、黄色圆点或月、钱等图样，也有使用金箔、翠羽等物粘贴而成，增添了妆容的华丽感。两人所束的峨髻是唐代妇女高髻的一种，因形似山峰而得名，唐李贺诗有：“金翘峨髻愁暮云”的描述，髻上插饰花钗和梳篦。

绘图：余颖

莫高窟盛唐第130窟甬道南壁都督夫人二女儿服饰

图文：刘元风

第130窟甬道南壁都督夫人太原王氏礼佛图中，都督夫人的二女儿盛装出行，身穿米白花色短襦，黄色织花长裙，外披绿色半臂，肩披蓝色披帛，腰间垂红色织锦襳褵，脚穿翘头履。

绘图：余颖

图文：刘元风

第130窟甬道南壁都督夫人太原王氏礼佛图中，都督夫人二女儿的婢女双手托着一盘白色的茶花，头束双垂髻，身穿绿色男式圆领宽袖织花袍服，腰间有棕色系带，脚穿翘头履。

绘图：余颖

莫高窟盛唐第130窟甬道南壁都督夫人二女儿和婢女妆容

图文：刘元凤

都督夫人二女儿和婢女面容丰满圆润，画桂叶眉（唐代妇女崇尚阔眉，桂叶眉即为阔眉的一种，眉式短而宽，因形如桂叶而得名）。都督夫人二女儿丹凤眼，以朱砂点唇，脸部点饰花靥，头戴凤冠，两侧各斜插步摇，同时饰花钿和角梳。唐代妇女在盛装时，常用胭脂或丹青在脸颊、额头、眉间或太阳穴处画圆点或各种花、叶等图形，称为“花靥”。

绘图：余颖

莫高窟盛唐第171窟主室西壁龛外南侧药师佛服饰

图文：吴波

第171窟主室西壁龛外南侧壁画中的药师佛神态安详，立于莲花座上，内穿绿色僧祇支，有一条细带于腰部前中系结。他外披田相纹红袈裟，袒右臂，右手自然下垂；左臂搭袈裟，左手托球形药钵。整体造像神情庄静，法相慈和。

绘图：侯雅庆

莫高窟盛唐第172窟主室南壁西侧供养人服饰

图文：吴波

此图为第172窟主室南壁观无量寿经变西侧“未生怨”中的一组供养人像。图中三位女子均身穿大袖襦裙。图中贵妇身形高大，梳圆环椎髻，为敦煌盛唐至五代壁画中常见的贵妇发髻，流行甚久，彰显此女身份尊贵。贵妇头戴的冠饰似为听法妇女习见头饰之一，在女信徒中颇为流行，而双手所持之物状如花环，应是在听法之际表供养之意。身后跟随的两位侍女均梳双丫髻，为盛唐时期未成年女性的常见发型。

绘图：陈诗曼

莫高窟盛唐第172窟主室北壁西侧阿阇世太子服饰

图文：吴波

第172窟主室北壁西侧中的阿阇世太子左手向前想要抓住韦提希夫人，右手持剑挥舞。身后有一侍从见状连忙上前制止太子。阿阇世太子头戴通天冠，内搭配曲领中单，外穿右衽交领袍服，领子与大袖装饰绿色缘边，腰部围系蔽膝和腰带，蔽膝上绘有连续的植物纹样。

绘图：付乐颖

莫高窟盛唐第172窟主室北壁西侧韦提希夫人服饰

图文：吴波

第172窟主室北壁西侧画面中间的韦提希夫人见太子持剑追赶，惊慌失措，伸开双臂，迈腿逃跑。韦提希夫人头梳多鬟高髻，身着大袖长襦，裙长曳地。宽大的袖子和长裙在她仓皇而逃时大幅度飘曳于身后。

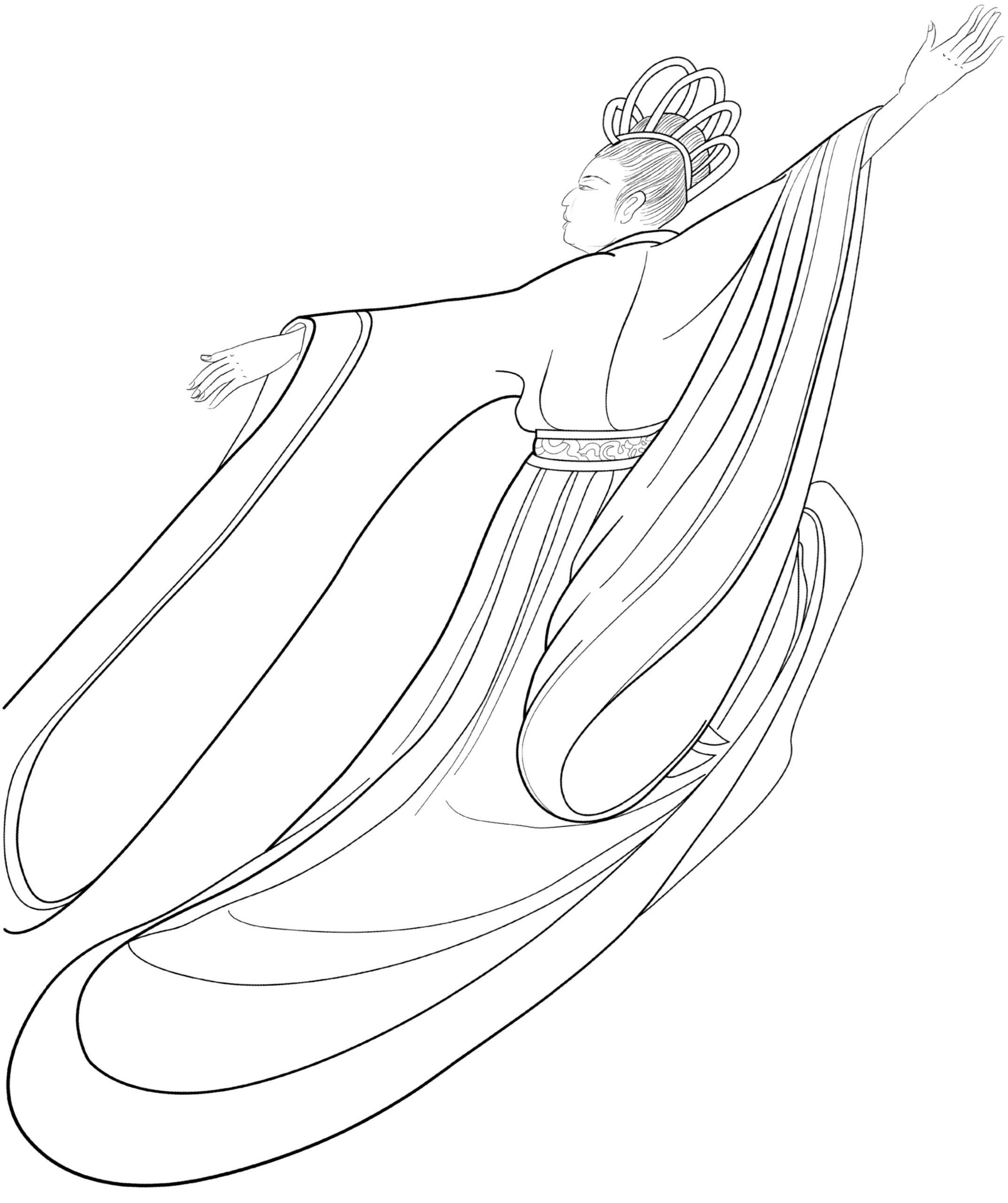

绘图：魏佳欣

莫高窟盛唐第172窟主室西壁龛内南侧弟子服饰

图文：李迎军

莫高窟同时期壁画上绝大多数弟子采用右袒方式穿着袈裟，比较特别的是，第172窟主室西壁龛内南侧这身弟子的袈裟没有披在肩上，而是双手各持袈裟的一端正欲披挂的状态。这样别出新意的造型表达不仅使这身弟子的整体形象独树一帜，还让原本遮挡在右袒式袈裟内的服装结构清晰地显现出来——上身内着右衽偏衫，下着多褶四方连续花长裙，腰间以细长腰带系结。

绘图：魏佳欣

莫高窟盛唐第172窟主室西壁龛内弟子服饰

图文：李迎军

第172窟主室西壁龛内肃立在佛祖身侧的这身弟子，左手持经卷，右手伸食指似在深思，又似在探讨问题。整身弟子造型以精细的线条勾勒，笔意流畅，设色雅致，服装刻画清晰翔实，对服装上图案的描绘尤为细致，身披蓝、绿、红三色右袒式五瓣小团花图案田相袈裟，条相交错处的方格内饰有“卍”字纹，内着的褶裙上也饰有精巧的四瓣花四方连续纹样。

绘图：陈诗曼

莫高窟盛唐第194窟主室西壁龛内南侧阿难尊者服饰

图文：刘元风

第194窟主室西壁龛内南侧的阿难尊者身穿三衣袈裟（也称“三衣佛装”），内衣为绿色交领偏衫，领部镶嵌织锦花边，外着绿色宽袖中衣，领部和袖口也镶饰织锦花边。下着绿色锦裙，裙下摆处镶有贴边。最外层披着红色袈裟，在其领部和腰部翻出白色贴边，左胸处有带钩用于系结袈裟。

绘图：李轶潇

莫高窟盛唐第194窟主室南壁王子服饰一

图文：李迎军

图为第194窟主室南壁中的王子形象，其体貌与着装特征和其他听法图人物形象基本统一，但服装结构与服饰图案更为清晰翔实。王子体壮肤黑，头顶蓬松卷发，佩戴耳环、颈圈、臂钏、手镯、足钏。上身斜缠披帛，下身着及膝短裤，赤足。披帛与短裤上皆有伊卡特纹样。

绘图：魏佳欣

莫高窟盛唐第194窟主室南壁王子服饰二

图文：李迎军

第194窟主室南壁中位列队列最前端的赤须王子是盛唐时期才开始出现的形象——红发梳髻、红须飘扬、体毛浓密。他头戴带状头饰，上身袒裸，宽大的披帛前搭式穿着，下身着及膝短裤，披帛与短裤上均饰有绿蓝相间的伊卡特图案，戴圆形耳环、颈圈、手镯、足钏，赤足。

绘图：魏佳欣

莫高窟盛唐第194窟主室南壁王子服饰三

图文：李迎军

图中第194窟主室南壁中的这位王子体态丰腴、络腮胡须，头戴镂花金冠，身着圆领袍，系革带，内穿长襦、长裤、短靴。与敦煌早期壁画相比较，唐以来的壁画人物形象更加生动写实，礼佛图中的各王子不仅服饰造型各异，人物形象与体态的刻画也非常翔实生动，这为研究当时的民族服饰文化提供了极其有价值的图像佐证。

绘图：侯雅庆

莫高窟盛唐第194窟主室南壁王子服饰四

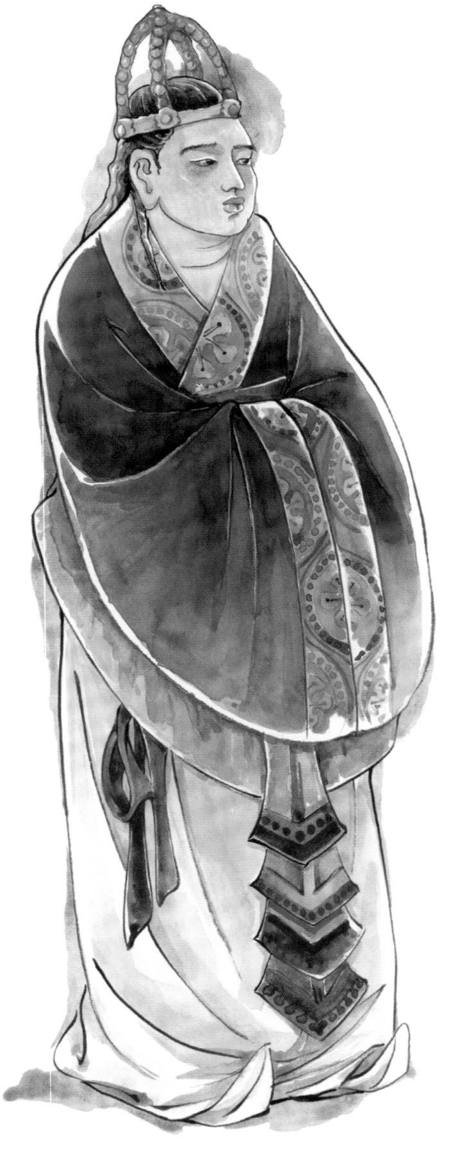

图文：李迎军

各王子服饰中以窄袖长袍造型居多，位于盛唐第194窟主室南壁画中的这位王子穿着的宽袖上衣搭配下裳的服装别具特色。王子披发垂于脑后，头戴四股线型笼状金冠，着右衽大袖上衣，领口与袖口均有宽大的织锦边饰，下面搭配宽松肥大的浅色长裙，裙前饰有绿褐相间的蔽膝状饰物，足着尖头鞋（或靴）。

绘图：侯雅庆

莫高窟盛唐第194窟主室南壁王子服饰五

图文：李迎军

第194窟主室南壁中的这位王子着窄袖绿色长袍，腰系革带，足蹬短靴，内搭上襦、长裤。头顶帽子高耸的钟形帽体与宽大的帽檐极具形式感，蓝红相间的图案与褐色皮毛边饰也繁简适度、相得益彰。

绘图：侯雅庆

莫高窟盛唐第194窟主室南壁王子服饰六

图文：李迎军

第194窟主室南壁中的这位王子头戴尖顶立檐帽，内穿圆领上襦、长裤、短靴，外罩窄袖翻领长袍，长袍的前衣襟开在前中心偏右的位置，腰间系革带，腰带前段垂配饰，从造型推断似是随身佩刀。

绘图：魏佳欣

莫高窟盛唐第194窟主室南壁王子服饰七

图文：李迎军

在第194窟主室南壁的王子服饰中，各国王子从显露的上半身服装形态看，有圆领、交领、翻领等多种领型。各位王子的肤色、服色与五官结构各异，帽饰差异尤为显著，每人戴的帽子从廓型、材质到图案、配色都个性鲜明，凸显了盛唐时期各民族服饰文化的多样性特征。在绘画整理时，参照相关洞窟壁画上相对应的各国王子形象，补充了服装造型中被遮挡的部分结构，服装衣身的长短、袖子的肥瘦尚属推断，仍需进一步考证。

绘图：赵茜

手绘细鉴

敦煌壁画唐代王子帽饰

在敦煌壁画中的唐代王子帽饰带有典型的地域特征。来自不同地域的王子穿着显示自己身份的服饰，佩戴的帽饰也各具特色，有的是高耸的尖顶，有的是宽大的冠状，有的是精巧的莲花状，有的以宝石装饰。帽饰材质各异，设计独特，反映了唐代服饰的精致和繁复。这些帽饰不仅表明了王子的身份，也为观者呈现了唐代社会生活中多元的服饰风格。

图文：吴波、李迎军

绘图：魏佳欣

图中的四位侍从均是敦煌莫高窟唐代壁画中的供养侍童，往往跟随在男供养人身后，是世俗人物的典型代表。他们表情丰富，神态各异，有的手捧贡品紧随主人，有的身体前倾翘脚欲行，有的手扶背包回头顾盼，有的将双手拱于胸前向侧面张望，从眼神、举止和不同的帽饰穿戴上都体现出各人物的年龄特征。他们均身穿圆领长袍，腰间系带，足蹬乌皮靴。唯一的区别在首服上，有的和主人一样头戴软脚幞头，有的头裹帽巾相交于脑后，有的则头戴风帽极具西域特色，这一组人物较好地还原了随主人出行的侍童样貌。

图文：吴波

绘图：李轶潇